このドリルの使い方

1 毎日1枚ずつ続けましょう。

2 ドリルをした日にちを書きましょう。

3 解くのにかかった時間を書きましょう。

4 答えはていねいに書きましょう。（下の余白に大きく書いてもかまいません。）

POINT!とは…

「POINT！」について毎ページ、問題を解くときのポイントをのせています。まちがいを減らすコツや、計算が早くなるコツが書いてあるので、確認してから取り組んでみましょう。

5 終わったらお家の人に答え合わせをしてもらい、まちがったところはその日のうちに解き直しましょう。

保護者の方へ

●このドリルでは1年生～3年生で学習する四則計算を学びます。
●学習指導要領に対応しています。
●各ページのタイトルの上にある★印は、学習学年を表しています。「★」は1年生、「★★」は2年生、「★★★」は3年生で学習する内容が出題されており、「★～★★★」のように表記されているページは、1～3年生の3学年にまたがった内容が出題されています。

●解答は93～96ページにあります。その日の問題を解き終えたら、答え合わせをしてあげてください。まちがえた問題は、どこをまちがえたのか確認して、しっかり復習してください。
●各単元の最後に保護者の方へのアドバイスを掲載しています。ぜひお子さんへの声かけの参考にしてください。

もくじ

頭の体操をしてみよう！

魔法陣にチャレンジ

たて・横・ななめを足した数がどこも同じになるように数字を入れてみましょう。

答えは下にあります。

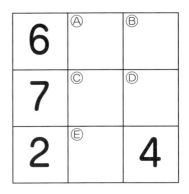

2

1けたどうしのたし算

月　日　　分　秒

■ 計算をしましょう。

① 2+3　　② 7+1　　③ 2+5

④ 3+6　　⑤ 3+4　　⑥ 8+1

⑦ 3+3　　⑧ 4+3　　⑨ 1+2

⑩ 2+7　　⑪ 5+3　　⑫ 3+1

⑬ 7+2　　⑭ 4+1　　⑮ 4+5

⑯ 3+7　　⑰ 6+1　　⑱ 4+2

⑲ 3+2　　⑳ 5+1

POINT! 「算数力は計算力」。まずはあせらず、ていねいに。

■ 計算をしましょう。

① 7+2　　② 4+3　　③ 2+5

④ 3+2　　⑤ 2+3　　⑥ 3+4

⑦ 5+1　　⑧ 3+6　　⑨ 4+1

⑩ 7+1　　⑪ 3+3　　⑫ 8+1

⑬ 2+7　　⑭ 6+1　　⑮ 3+1

⑯ 4+2　　⑰ 5+3　　⑱ 4+5

⑲ 3+7　　⑳ 1+2

POINT! 10までのたし算は計算の基本。覚えるくらいくり返し練習しましょう。

1けたどうしのたし算

月　日　　　分　秒

■ 計算をしましょう。

① 4+7　　② 6+9　　③ 9+3

④ 4+8　　⑤ 4+9　　⑥ 2+9

⑦ 3+8　　⑧ 9+8　　⑨ 3+9

⑩ 5+8　　⑪ 8+6　　⑫ 7+8

⑬ 7+9　　⑭ 8+3　　⑮ 5+7

⑯ 9+4　　⑰ 6+7　　⑱ 8+8

⑲ 9+6　　⑳ 6+8

POINT! 「くり上がりには要注意」。ここはあせらずゆっくりていねいに。

1けたどうしのたし算 ざん

■ 計算 けいさん をしましょう。

① 3+8

② 5+8

③ 6+7

④ 8+3

⑤ 9+6

⑥ 7+9

⑦ 9+8

⑧ 5+7

⑨ 9+3

⑩ 6+8

⑪ 4+8

⑫ 3+9

⑬ 6+9

⑭ 8+8

⑮ 8+6

⑯ 2+9

⑰ 4+7

⑱ 9+4

⑲ 4+9

⑳ 7+8

POINT! 早く けいさん できるように、「足して10」になる数 かず の組み合わせを覚えましょう。

■ 計算をしましょう。

① 1+7　② 9+5　③ 3+9

④ 2+8　⑤ 5+7　⑥ 1+3

⑦ 4+5　⑧ 7+7　⑨ 8+5

⑩ 6+7　⑪ 9+9　⑫ 1+2

⑬ 2+4　⑭ 7+3　⑮ 3+1

⑯ 6+1　⑰ 5+3　⑱ 7+4

⑲ 5+5　⑳ 8+6

POINT! 計算ミスをしないように、落ち着いて問題に取り組みましょう。

1けたどうしのたし算

■ 計算をしましょう。

① 5+7　　② 7+4　　③ 7+7

④ 6+7　　⑤ 5+3　　⑥ 3+1

⑦ 1+3　　⑧ 5+5　　⑨ 2+4

⑩ 3+9　　⑪ 6+1　　⑫ 8+6

⑬ 9+5　　⑭ 8+5　　⑮ 1+7

⑯ 1+2　　⑰ 7+3　　⑱ 4+5

⑲ 2+8　　⑳ 9+9

POINT! 同じ問題を何度も解くことで、計算が早くなります。昨日より早くなりましたか？

■ 計算をしましょう。

① 13+4

② 18+1

③ 15+3

④ 11+2

⑤ 12+4

⑥ 17+2

⑦ 15+1

⑧ 10+8

⑨ 14+4

⑩ 13+6

⑪ 1+16

⑫ 2+17

⑬ 4+15

⑭ 7+10

⑮ 6+12

⑯ 2+13

⑰ 2+14

⑱ 9+10

⑲ 6+13

⑳ 1+10

POINT! まちがえた問題は、その日のうちにもう一度解き直すと力がつきます。

■ 計算をしましょう。

① 15+1

② 18+1

③ 1+10

④ 6+12

⑤ 15+3

⑥ 2+13

⑦ 7+10

⑧ 14+4

⑨ 11+2

⑩ 9+10

⑪ 1+16

⑫ 17+2

⑬ 6+13

⑭ 10+8

⑮ 12+4

⑯ 13+6

⑰ 13+4

⑱ 2+14

⑲ 4+15

⑳ 2+17

POINT! 「十の位」、「一の位」という考え方をしっかりと意識しましょう。

2けた＋1けたのたし算

■ 計算をしましょう。

① 18+8

② 19+7

③ 16+5

④ 18+3

⑤ 17+4

⑥ 15+7

⑦ 18+4

⑧ 16+6

⑨ 17+5

⑩ 14+7

⑪ 6+19

⑫ 7+13

⑬ 5+18

⑭ 7+16

⑮ 8+17

⑯ 4+17

⑰ 2+19

⑱ 3+17

⑲ 6+15

⑳ 5+19

POINT! 何回も練習して、くり上がりのあるたし算を確実にできるようにしましょう。

10日目

2けた+1けたのたし算

月　日　　分　秒

■ 計算をしましょう。

① 18+4　　② 7+13　　③ 5+19

④ 5+18　　⑤ 7+16　　⑥ 3+17

⑦ 2+19　　⑧ 8+17　　⑨ 6+15

⑩ 14+7　　⑪ 18+8　　⑫ 16+5

⑬ 19+7　　⑭ 17+5　　⑮ 18+3

⑯ 17+4　　⑰ 16+6　　⑱ 4+17

⑲ 6+19　　⑳ 15+7

POINT! 10のまとまりに着目すると、くり上がりのある計算の正答率がアップします。

■ 計算をしましょう。

① 10+2

② 15+8

③ 20+6

④ 12+5

⑤ 14+3

⑥ 14+7

⑦ 11+4

⑧ 13+6

⑨ 18+9

⑩ 16+6

⑪ 8+11

⑫ 4+20

⑬ 4+16

⑭ 2+13

⑮ 1+11

⑯ 4+13

⑰ 5+11

⑱ 6+18

⑲ 4+11

⑳ 7+18

12日目 2けた＋1けたのたし算

■ 計算をしましょう。

① 13+6

② 2+13

③ 5+11

④ 4+13

⑤ 6+18

⑥ 10+2

⑦ 11+4

⑧ 7+18

⑨ 18+9

⑩ 1+11

⑪ 4+11

⑫ 14+3

⑬ 4+20

⑭ 20+6

⑮ 8+11

⑯ 16+6

⑰ 4+16

⑱ 15+8

⑲ 14+7

⑳ 12+5

POINT! 十の位と一の位を混同しないように、しっかり問題の確認を！

2けたどうしのたし算

■ 計算をしましょう。

① 48+33

② 50+95

③ 19+18

④ 67+42

⑤ 71+66

⑥ 54+26

⑦ 59+14

⑧ 33+75

⑨ 80+59

⑩ 57+46

⑪ 35+45

⑫ 97+90

⑬ 37+59

⑭ 16+75

⑮ 63+65

POINT! 2けたどうしのたし算は、位に気をつけて計算することがポイントです。

2けたどうしのたし算 算

■ 計算をしましょう。

① 16+75

② 19+18

③ 97+90

④ 48+33

⑤ 35+45

⑥ 37+59

⑦ 63+65

⑧ 57+46

⑨ 33+75

⑩ 54+26

⑪ 59+14

⑫ 50+95

⑬ 80+59

⑭ 71+66

⑮ 67+42

POINT! 「2けた＋2けた」は、一の位から順にくり上がりに気をつけて計算します。

2けたどうしのたし算

■ 計算をしましょう。

①
$$
\begin{array}{r}
8\ 5 \\
+\ 9\ 8 \\
\hline
\end{array}
$$

②
$$
\begin{array}{r}
4\ 7 \\
+\ 7\ 9 \\
\hline
\end{array}
$$

③
$$
\begin{array}{r}
9\ 5 \\
+\ 9\ 6 \\
\hline
\end{array}
$$

④
$$
\begin{array}{r}
5\ 3 \\
+\ 6\ 8 \\
\hline
\end{array}
$$

⑤
$$
\begin{array}{r}
7\ 7 \\
+\ 3\ 6 \\
\hline
\end{array}
$$

⑥
$$
\begin{array}{r}
7\ 6 \\
+\ 6\ 9 \\
\hline
\end{array}
$$

⑦
$$
\begin{array}{r}
8\ 9 \\
+\ 9\ 2 \\
\hline
\end{array}
$$

⑧
$$
\begin{array}{r}
4\ 9 \\
+\ 9\ 4 \\
\hline
\end{array}
$$

⑨
$$
\begin{array}{r}
5\ 5 \\
+\ 6\ 9 \\
\hline
\end{array}
$$

⑩
$$
\begin{array}{r}
8\ 3 \\
+\ 6\ 7 \\
\hline
\end{array}
$$

⑪
$$
\begin{array}{r}
6\ 8 \\
+\ 7\ 3 \\
\hline
\end{array}
$$

⑫
$$
\begin{array}{r}
6\ 6 \\
+\ 5\ 4 \\
\hline
\end{array}
$$

POINT! たし算の筆算は、位を縦にそろえて書き、くり上がりに気をつけましょう。

■ 計算をしましょう。

①
```
   9 5
 + 9 6
```

②
```
   4 9
 + 9 4
```

③
```
   7 6
 + 6 9
```

④
```
   8 3
 + 6 7
```

⑤
```
   6 6
 + 5 4
```

⑥
```
   8 5
 + 9 8
```

⑦
```
   5 5
 + 6 9
```

⑧
```
   5 3
 + 6 8
```

⑨
```
   7 7
 + 3 6
```

⑩
```
   4 7
 + 7 9
```

⑪
```
   6 8
 + 7 3
```

⑫
```
   8 9
 + 9 2
```

POINT! 計算が終わったら、まちがえていないか見直すようにしましょう。

いろいろなたし算

かかった時間　月　日　　分　秒

■ 計算をしましょう。

❶ 5+□=10
　□=

❷ 6+□=10
　□=

❸ 1+□=10
　□=

❹ 7+□=10
　□=

❺ 2+□=10
　□=

❻ 4+□=10
　□=

❼ 9+□=10
　□=

❽ 3+□=10
　□=

❾ 8+□=10
　□=

❿ □+8=10
　□=

⓫ □+6=10
　□=

⓬ □+2=10
　□=

⓭ □+4=10
　□=

⓮ □+1=10
　□=

⓯ □+7=10
　□=

⓰ □+9=10
　□=

⓱ □+3=10
　□=

⓲ □+5=10
　□=

POINT! 「足して10」になる数の組み合わせをかんぺきに覚えましょう。

■ 計算をしましょう。

① $9+\square=10$
　$\square=$

② $\square+3=10$
　$\square=$

③ $\square+8=10$
　$\square=$

④ $5+\square=10$
　$\square=$

⑤ $\square+5=10$
　$\square=$

⑥ $1+\square=10$
　$\square=$

⑦ $3+\square=10$
　$\square=$

⑧ $7+\square=10$
　$\square=$

⑨ $\square+6=10$
　$\square=$

⑩ $\square+9=10$
　$\square=$

⑪ $2+\square=10$
　$\square=$

⑫ $6+\square=10$
　$\square=$

⑬ $\square+1=10$
　$\square=$

⑭ $\square+4=10$
　$\square=$

⑮ $\square+7=10$
　$\square=$

⑯ $8+\square=10$
　$\square=$

⑰ $\square+2=10$
　$\square=$

⑱ $4+\square=10$
　$\square=$

POINT!　「10のかたまり」という考え方はとても大切です。よく練習しましょう。

19日目　いろいろなたし算

月　日　　分　秒

■ 計算をしましょう。

① 1+1+6　　② 3+6+4　　③ 4+3+6

④ 5+1+9　　⑤ 6+5+4　　⑥ 7+3+1

⑦ 4+8+2　　⑧ 4+2+8　　⑨ 5+7+3

⑩ 9+6+1　　⑪ 3+7+7　　⑫ 9+1+7

⑬ 8+4+2　　⑭ 7+8+3　　⑮ 5+8+7

POINT! 3つの数字を足すときは、足して10になる数を見つけると計算が早くなります。

いろいろなたし算

月　日　分　秒

■ 計算をしましょう。

❶ 7+8+3　　❷ 6+5+4　　❸ 9+1+7

❹ 5+8+7　　❺ 8+4+2　　❻ 3+7+7

❼ 5+1+9　　❽ 5+7+3　　❾ 1+1+6

❿ 9+6+1　　⓫ 7+3+1　　⓬ 4+3+6

⓭ 4+2+8　　⓮ 4+8+2　　⓯ 3+6+4

POINT! 1けたどうしの計算は、目で見てこたえられるくらいまで練習すると力がつきます。

小数のたし算

■ 計算をしましょう。

① 0.5+5　② 0.3+8　③ 0.1+4

④ 0.7+2　⑤ 1.4+6　⑥ 1.7+1

⑦ 1.1+3　⑧ 1.6+7　⑨ 2.1+6

⑩ 1.2+2　⑪ 9+0.8　⑫ 1+1.7

⑬ 7+1.1　⑭ 8+1.4　⑮ 4+1.5

⑯ 3+1.3　⑰ 6+0.2　⑱ 2+1.8

POINT! 小数と整数のたし算は、小数点に注意してあわてずに計算しましょう。

小数のたし算 しょうすう ざん

■ 計算 けいさん をしましょう。

① 0.1+4

② 1.2+2

③ 3+1.3

④ 6+0.2

⑤ 1.4+6

⑥ 2.1+6

⑦ 4+1.5

⑧ 0.3+8

⑨ 9+0.8

⑩ 1+1.7

⑪ 2+1.8

⑫ 1.7+1

⑬ 0.5+5

⑭ 1.6+7

⑮ 0.7+2

⑯ 8+1.4

⑰ 7+1.1

⑱ 1.1+3

POINT! 1は1.0、2は2.0、3は3.0というように考えて計算します。 かんが けいさん

■ 計算をしましょう。

①
```
   0.3
 + 0.8
```

②
```
   0.7
 + 0.6
```

③
```
   0.8
 + 1.2
```

④
```
   0.7
 + 0.5
```

⑤
```
   0.5
 + 1.7
```

⑥
```
   1.6
 + 0.8
```

⑦
```
   0.3
 + 1.8
```

⑧
```
   1.8
 + 1.9
```

⑨
```
   1.8
 + 0.5
```

⑩
```
   1.3
 + 1.9
```

⑪
```
   1.7
 + 1.6
```

⑫
```
   1.4
 + 1.9
```

POINT! 小数の筆算は、小数点の位置をそろえることを意識することが大切です。

25

■ 計算をしましょう。

① 0.7 + 0.6

② 1.6 + 0.8

③ 1.7 + 1.6

④ 0.7 + 0.5

⑤ 1.8 + 1.9

⑥ 0.8 + 1.2

⑦ 1.3 + 1.9

⑧ 0.3 + 0.8

⑨ 1.4 + 1.9

⑩ 0.3 + 1.8

⑪ 1.8 + 0.5

⑫ 0.5 + 1.7

POINT! 計算の最後に、1.0や2.0の0を消すことを忘れないようにしましょう。

たし算のまとめ

■ 計算 けいさん をしましょう。

① $10+2$　　② $9+11$　　③ $15+12$

④ $7+18$　　⑤ $16+5$　　⑥ $6+19$

⑦ $28+51$　　⑧ $41+69$　　⑨ $9.5+7$

⑩ $6.4+8.6$　　⑪ $3.3+7.8$　　⑫ $3+7+2$

⑬ $5+8+7$　　⑭ $6+\square=10$ $\square=$　　⑮ $4+\square+2=10$ $\square=$

POINT! 計算力 けいさんりょく を身 み につけるには、いかにたくさんの問題 もんだい を練習 れんしゅう したかがカギとなります。

27

たし算のまとめ

■ 計算 けいさん をしましょう。

① 9+11

② 6.4+8.6

③ 3.3+7.8

④ 41+69

⑤ 10+2

⑥ 16+5

⑦ 6+19

⑧ 28+51

⑨ 15+12

⑩ 9.5+7

⑪ 7+18

⑫ 3+7+2

⑬ 5+8+7

⑭ 6+□=10
　　□=

⑮ 4+□+2=10
　　　　□=

★保護者の方へ★ ほごしゃ かた

たし算は、計算の基本になります。特に けいさん きほん とく
「足して10になるパターン」は見たら、即 た み そく
書けるくらいにたたきこみます。まずは、 か
たし算をくり返し行って、覚えてしまうぐ ざん かえ おこな おぼ
らい問題数を解いていくことが大切です。 もんだいすう と たいせつ

POINT! まちがえた問題や時間がかかった問題は、もう一度取り組んでみましょう。 もんだい じかん もんだい いちど と く

27 日目
にちめ

学習学年
がくしゅうがくねん ★

かかった時間
じかん

1けたどうしのひき算
ざん

月　日　　分　秒
つ　にち　　ふん　びょう

■ 計算をしましょう。
けいさん

① 4−1　　　② 9−2　　　③ 7−4

④ 9−7　　　⑤ 8−7　　　⑥ 6−3

⑦ 5−2　　　⑧ 2−1　　　⑨ 7−6

⑩ 5−3　　　⑪ 8−3　　　⑫ 9−6

⑬ 7−5　　　⑭ 8−1　　　⑮ 4−4

⑯ 9−5　　　⑰ 9−3　　　⑱ 7−3

⑲ 8−2　　　⑳ 5−1

POINT! 計算をするときは、スピードだけでなく正確性も大切にしましょう。
けいさん　　　　　　　　　　　　　せいかくせい　たいせつ

1けたどうしのひき算

月　日　　分　秒

■ 計算をしましょう。

① 9−3　　② 7−6　　③ 8−2

④ 6−3　　⑤ 7−3　　⑥ 5−3

⑦ 8−1　　⑧ 2−1　　⑨ 7−5

⑩ 5−2　　⑪ 9−5　　⑫ 4−1

⑬ 9−6　　⑭ 7−4　　⑮ 8−3

⑯ 4−4　　⑰ 8−7　　⑱ 9−2

⑲ 5−1　　⑳ 9−7

POINT! 声に出しながら計算すると、集中してまちがえにくくなります。

2けたのひき算

かかった時間

月　日　　**分**　**秒**

■ 計算をしましょう。

① 18−7

② 28−2

③ 11−1

④ 19−6

⑤ 17−4

⑥ 24−4

⑦ 27−2

⑧ 29−2

⑨ 15−2

⑩ 27−6

⑪ 13−3

⑫ 19−8

⑬ 26−4

⑭ 15−3

⑮ 26−20

⑯ 15−1

⑰ 16−5

⑱ 18−2

⑲ 24−1

⑳ 19−3

POINT! ひき算の答えに引く数を足すと、引かれる数になります。

■ 計算をしましょう。

① 15−2　　② 26−4　　③ 16−5

④ 24−1　　⑤ 13−3　　⑥ 18−7

⑦ 15−1　　⑧ 17−4　　⑨ 19−8

⑩ 11−1　　⑪ 28−2　　⑫ 18−2

⑬ 26−20　　⑭ 27−2　　⑮ 19−6

⑯ 19−3　　⑰ 29−2　　⑱ 15−3

⑲ 27−6　　⑳ 24−4

POINT! 計算のあとに答えをたしかめるクセをつけると計算力がより上がります。

2けたのひき算

■ 計算をしましょう。

① $10-2$

② $16-9$

③ $11-4$

④ $14-8$

⑤ $12-5$

⑥ $16-7$

⑦ $12-9$

⑧ $15-6$

⑨ $11-7$

⑩ $20-3$

⑪ $23-7$

⑫ $21-4$

⑬ $21-5$

⑭ $25-6$

⑮ $22-5$

⑯ $18-9$

⑰ $24-8$

⑱ $26-7$

POINT! くり下がりに気をつけて、スラスラと解けるようになるまで練習しましょう。

2けたのひき算
ざん

■ 計算をしましょう。
けいさん

① 14−8　　② 26−7　　③ 12−9

④ 23−7　　⑤ 11−4　　⑥ 15−6

⑦ 10−2　　⑧ 18−9　　⑨ 25−6

⑩ 12−5　　⑪ 22−5　　⑫ 24−8

⑬ 16−9　　⑭ 21−5　　⑮ 20−3

⑯ 21−4　　⑰ 11−7　　⑱ 16−7

POINT!　「足して10」になる数の組み合わせを覚えていると、ひき算の計算は早くなります。
た　　　　　　　かず　く　あ　　　　おぼ　　　　　　　　　　　　さん　けいさん　はや

2けたのひき算

■ 計算をしましょう。

① 18−5

② 16−2

③ 12−8

④ 11−9

⑤ 13−8

⑥ 19−17

⑦ 15−1

⑧ 12−5

⑨ 16−5

⑩ 17−8

⑪ 21−2

⑫ 27−7

⑬ 20−8

⑭ 23−6

⑮ 25−8

⑯ 24−4

⑰ 28−5

⑱ 21−9

POINT! 同じ問題をくり返し解くことで、計算はどんどん早くなります。

34日目 2けたのひき算

月　日　分　秒

■ 計算をしましょう。

① 11−9　　② 21−2　　③ 25−8

④ 18−5　　⑤ 15−1　　⑥ 24−4

⑦ 28−5　　⑧ 20−8　　⑨ 21−9

⑩ 16−5　　⑪ 19−17　　⑫ 23−6

⑬ 27−7　　⑭ 16−2　　⑮ 12−5

⑯ 17−8　　⑰ 12−8　　⑱ 13−8

POINT! 早く正確に計算できるようになるには、毎日の積み重ねが大事です。

■ 計算をしましょう。

①
```
  2 0
－ 1 1
```

②
```
  3 0
－ 1 9
```

③
```
  2 6
－ 1 7
```

④
```
  2 3
－ 1 6
```

⑤
```
  2 3
－ 1 7
```

⑥
```
  2 1
－ 1 4
```

⑦
```
  2 3
－ 1 8
```

⑧
```
  2 1
－ 1 3
```

⑨
```
  2 7
－ 1 9
```

⑩
```
  2 1
－ 1 9
```

⑪
```
  2 2
－ 1 5
```

⑫
```
  2 4
－ 1 6
```

POINT! 筆算のくり下がりはつまずきやすい部分です。くり返し練習しましょう。

学習学年 ★★

2けたのひき算

かかった時間

月　日　　分　秒

■ <ruby>計算<rt>けいさん</rt></ruby>をしましょう。

① 　　2 1
　　− 1 4

② 　　2 1
　　− 1 9

③ 　　3 0
　　− 1 9

④ 　　2 4
　　− 1 6

⑤ 　　2 3
　　− 1 6

⑥ 　　2 0
　　− 1 1

⑦ 　　2 3
　　− 1 8

⑧ 　　2 1
　　− 1 3

⑨ 　　2 3
　　− 1 7

⑩ 　　2 6
　　− 1 7

⑪ 　　2 7
　　− 1 9

⑫ 　　2 2
　　− 1 5

POINT! <ruby>十<rt>じゅう</rt></ruby>の<ruby>位<rt>くらい</rt></ruby>の<ruby>上<rt>うえ</rt></ruby>にくり<ruby>下<rt>さ</rt></ruby>げて1<ruby>減<rt>へ</rt></ruby>った<ruby>数<rt>かず</rt></ruby>を<ruby>書<rt>か</rt></ruby>いておくようにしましょう。

2けたのひき算 ざん

■ 計算 けいさん をしましょう。

①
```
  2 2
- 1 8
```

②
```
  2 0
- 1 1
```

③
```
  1 5
- 1 1
```

④
```
  2 6
- 1 3
```

⑤
```
  2 9
- 1 1
```

⑥
```
  2 0
- 1 3
```

⑦
```
  2 1
- 1 9
```

⑧
```
  2 5
- 1 7
```

⑨
```
  2 5
- 1 3
```

⑩
```
  2 1
- 1 7
```

⑪
```
  1 9
- 1 6
```

⑫
```
  2 6
- 1 1
```

POINT! 一の位 いち くらい →十の位 じゅう くらい の順 じゅん に、あわてずにていねいに計算 けいさん していきましょう。

2けたのひき算

月　日　　分　秒

■ 計算をしましょう。

①
```
  2 5
- 1 3
```

②
```
  2 1
- 1 9
```

③
```
  2 0
- 1 3
```

④
```
  2 2
- 1 8
```

⑤
```
  2 9
- 1 1
```

⑥
```
  1 5
- 1 1
```

⑦
```
  2 1
- 1 7
```

⑧
```
  2 6
- 1 3
```

⑨
```
  2 6
- 1 1
```

⑩
```
  2 0
- 1 1
```

⑪
```
  2 5
- 1 7
```

⑫
```
  1 9
- 1 6
```

POINT! 筆算のけたが増えても、一の位から順序よく確実に計算していきましょう。

3けたのひき算

■ 計算をしましょう。

①
```
  1 5 5
-     6
```

②
```
  1 4 2
-     5
```

③
```
  1 9 4
-     9
```

④
```
  1 5 4
-     8
```

⑤
```
  1 4 3
-     9
```

⑥
```
  1 8 3
-     8
```

⑦
```
  1 4 0
-     6
```

⑧
```
  1 7 6
-     7
```

⑨
```
  1 9 1
-     2
```

⑩
```
  1 5 1
-     4
```

⑪
```
  1 7 2
-     7
```

⑫
```
  1 2 2
-     4
```

POINT! くり下がりを忘れてそのまま計算してしまわないように、気をつけましょう。

3けたのひき算

■ 計算をしましょう。

①
$$
\begin{array}{r}
1\ 8\ 3 \\
-\ \ \ \ \ 8 \\
\hline
\end{array}
$$

②
$$
\begin{array}{r}
1\ 5\ 4 \\
-\ \ \ \ \ 8 \\
\hline
\end{array}
$$

③
$$
\begin{array}{r}
1\ 9\ 1 \\
-\ \ \ \ \ 2 \\
\hline
\end{array}
$$

④
$$
\begin{array}{r}
1\ 9\ 4 \\
-\ \ \ \ \ 9 \\
\hline
\end{array}
$$

⑤
$$
\begin{array}{r}
1\ 7\ 2 \\
-\ \ \ \ \ 7 \\
\hline
\end{array}
$$

⑥
$$
\begin{array}{r}
1\ 7\ 6 \\
-\ \ \ \ \ 7 \\
\hline
\end{array}
$$

⑦
$$
\begin{array}{r}
1\ 5\ 5 \\
-\ \ \ \ \ 6 \\
\hline
\end{array}
$$

⑧
$$
\begin{array}{r}
1\ 4\ 0 \\
-\ \ \ \ \ 6 \\
\hline
\end{array}
$$

⑨
$$
\begin{array}{r}
1\ 5\ 1 \\
-\ \ \ \ \ 4 \\
\hline
\end{array}
$$

⑩
$$
\begin{array}{r}
1\ 4\ 3 \\
-\ \ \ \ \ 9 \\
\hline
\end{array}
$$

⑪
$$
\begin{array}{r}
1\ 4\ 2 \\
-\ \ \ \ \ 5 \\
\hline
\end{array}
$$

⑫
$$
\begin{array}{r}
1\ 2\ 2 \\
-\ \ \ \ \ 4 \\
\hline
\end{array}
$$

POINT! くり下げたことを忘れてしまうというミスが目立つ計算です。最後に見直しを!

■ 計算をしましょう。

① 　1 0 0
　－　 1 4

② 　1 0 3
　－　 4 6

③ 　1 0 4
　－　 1 8

④ 　1 2 0
　－　 4 5

⑤ 　1 1 8
　－　 2 9

⑥ 　1 1 0
　－　 3 1

⑦ 　1 3 4
　－　 4 9

⑧ 　1 1 1
　－　 1 2

⑨ 　1 4 0
　－　 4 3

⑩ 　1 1 4
　－　 5 7

POINT! くり下がりが2回続くと複雑に感じますが、あせらずに計算していきましょう。

42 日目 3けたのひき算

■ 計算をしましょう。

①
```
  1 0 4
-   1 8
```

②
```
  1 1 8
-   2 9
```

③
```
  1 3 4
-   4 9
```

④
```
  1 0 0
-   1 4
```

⑤
```
  1 4 0
-   4 3
```

⑥
```
  1 1 1
-   1 2
```

⑦
```
  1 0 3
-   4 6
```

⑧
```
  1 1 4
-   5 7
```

⑨
```
  1 2 0
-   4 5
```

⑩
```
  1 1 0
-   3 1
```

POINT! 特に十の位が0のときは、ミスをしやすいです。注意深く取り組みましょう。

小数のひき算 しょうすう ざん

■ 計算 けいさん をしましょう。

①
$$\begin{array}{r} 5 \\ -\ 0.7 \\ \hline \end{array}$$

②
$$\begin{array}{r} 9 \\ -\ 0.5 \\ \hline \end{array}$$

③
$$\begin{array}{r} 8 \\ -\ 0.8 \\ \hline \end{array}$$

④
$$\begin{array}{r} 4 \\ -\ 0.3 \\ \hline \end{array}$$

⑤
$$\begin{array}{r} 7 \\ -\ 0.4 \\ \hline \end{array}$$

⑥
$$\begin{array}{r} 2 \\ -\ 0.3 \\ \hline \end{array}$$

⑦
$$\begin{array}{r} 3 \\ -\ 0.9 \\ \hline \end{array}$$

⑧
$$\begin{array}{r} 1 \\ -\ 0.3 \\ \hline \end{array}$$

⑨
$$\begin{array}{r} 7 \\ -\ 0.2 \\ \hline \end{array}$$

⑩
$$\begin{array}{r} 4 \\ -\ 0.7 \\ \hline \end{array}$$

⑪
$$\begin{array}{r} 7 \\ -\ 0.5 \\ \hline \end{array}$$

⑫
$$\begin{array}{r} 6 \\ -\ 0.1 \\ \hline \end{array}$$

POINT! 1は1.0、2は2.0、3は3.0にして、けた数 すう をそろえて計算 けいさん します。

■ 計算をしましょう。

①
$$7 - 0.2$$

②
$$4 - 0.3$$

③
$$2 - 0.3$$

④
$$5 - 0.7$$

⑤
$$7 - 0.5$$

⑥
$$3 - 0.9$$

⑦
$$7 - 0.4$$

⑧
$$4 - 0.7$$

⑨
$$8 - 0.8$$

⑩
$$9 - 0.5$$

⑪
$$6 - 0.1$$

⑫
$$1 - 0.3$$

POINT! 小数の筆算は、小数点の位置が縦にそろっていないことによるミスが多いです。

45 日目 小数のひき算

■ 計算をしましょう。

①
$$\begin{array}{r} 2.0 \\ -1.8 \\ \hline \end{array}$$

②
$$\begin{array}{r} 5.0 \\ -2.7 \\ \hline \end{array}$$

③
$$\begin{array}{r} 3.0 \\ -1.2 \\ \hline \end{array}$$

④
$$\begin{array}{r} 4.6 \\ -1.7 \\ \hline \end{array}$$

⑤
$$\begin{array}{r} 7.3 \\ -2.5 \\ \hline \end{array}$$

⑥
$$\begin{array}{r} 2.3 \\ -1.7 \\ \hline \end{array}$$

⑦
$$\begin{array}{r} 8.2 \\ -4.9 \\ \hline \end{array}$$

⑧
$$\begin{array}{r} 5.1 \\ -4.7 \\ \hline \end{array}$$

⑨
$$\begin{array}{r} 4.3 \\ -2.9 \\ \hline \end{array}$$

⑩
$$\begin{array}{r} 8.2 \\ -3.3 \\ \hline \end{array}$$

⑪
$$\begin{array}{r} 7.2 \\ -3.9 \\ \hline \end{array}$$

⑫
$$\begin{array}{r} 5.2 \\ -3.5 \\ \hline \end{array}$$

POINT! 簡単だと思えるくらいくり返し練習して、着実に計算力をアップさせましょう。

46日目 小数のひき算

■ 計算をしましょう。

①
$$
\begin{array}{r}
7.3 \\
- 2.5 \\
\hline
\end{array}
$$

②
$$
\begin{array}{r}
5.0 \\
- 2.7 \\
\hline
\end{array}
$$

③
$$
\begin{array}{r}
8.2 \\
- 3.3 \\
\hline
\end{array}
$$

④
$$
\begin{array}{r}
5.1 \\
- 4.7 \\
\hline
\end{array}
$$

⑤
$$
\begin{array}{r}
2.0 \\
- 1.8 \\
\hline
\end{array}
$$

⑥
$$
\begin{array}{r}
2.3 \\
- 1.7 \\
\hline
\end{array}
$$

⑦
$$
\begin{array}{r}
4.6 \\
- 1.7 \\
\hline
\end{array}
$$

⑧
$$
\begin{array}{r}
8.2 \\
- 4.9 \\
\hline
\end{array}
$$

⑨
$$
\begin{array}{r}
5.2 \\
- 3.5 \\
\hline
\end{array}
$$

⑩
$$
\begin{array}{r}
4.3 \\
- 2.9 \\
\hline
\end{array}
$$

⑪
$$
\begin{array}{r}
7.2 \\
- 3.9 \\
\hline
\end{array}
$$

⑫
$$
\begin{array}{r}
3.0 \\
- 1.2 \\
\hline
\end{array}
$$

POINT! 整数の筆算は位の位置、小数の筆算は小数点の位置を縦にそろえます。

■ 計算をしましょう。

① 7−3

② 14−2

③ 21−8

④ 42−31

⑤ 50−24

⑥ 84−46

⑦ 27−18

⑧ 71−33

⑨ 64−42

⑩ 342−18

⑪ 203−38

⑫ 1.6−0.4

⑬ 4.0−0.9

⑭ 3.5−1.4

⑮ 2.7−1.8

POINT! まちがえた問題はできるまで何度も解き直しをしましょう。

48日目 ひき算のまとめ

■ 計算をしましょう。

❶ 71−33　　❷ 50−24　　❸ 21−8

❹ 1.6−0.4　　❺ 64−42　　❻ 7−3

❼ 203−38　　❽ 84−46　　❾ 14−2

❿ 4.0−0.9　　⓫ 27−18　　⓬ 2.7−1.8

⓭ 42−31　　⓮ 3.5−1.4　　⓯ 342−18

★保護者の方へ★

ひき算は、たし算に比べて苦手意識を持ちやすい傾向にあります。まずは、「1桁−1桁」を徹底練習しましょう。次のステップとして、つまずきの最大の理由である「くり下がりの克服」に進みます。ここでもたし算の時のポイント「10のかたまり」が大切になります。足して10になるパターンが頭に入っていると、計算がグンと楽になります。

POINT! 1より小さな数字は整数部分に0をつけることを、忘れないようにしましょう。

たし算とひき算のまとめ

■ 計算 けいさん をしましょう。

① 6−2

② 8+4

③ 21−15

④ 2+8

⑤ 7−2

⑥ 15+16

⑦ 24+8

⑧ 37−19

⑨ 14+27

⑩ 13−4

⑪ 1+9−1

⑫ 8+9−9

⑬ 12−7+5

⑭ 14+8+6

⑮ 27−5+8

POINT! 簡単 かんたん な計算 けいさん を日々 ひび くり返 かえ すことで、計算力 けいさんりょく はどんどん向上 こうじょう していきます。

50日目

たし算とひき算まとめ

■ 計算をしましょう。

① $8+4$

② $7-2$

③ $13-4$

④ $2+8$

⑤ $6-2$

⑥ $14+27$

⑦ $37-19$

⑧ $24+8$

⑨ $21-15$

⑩ $15+16$

⑪ $14+8+6$

⑫ $27-5+8$

⑬ $12-7+5$

⑭ $8+9-9$

⑮ $1+9-1$

POINT! 集中力がアップすると、問題のまちがいが格段に減ります

51 日目
にちめ

学習学年
がくしゅうがくねん ★★★

たし算とひき算のまとめ
ざん　ざん

かかった時間
かん

月　日　　分　秒
がつ　にち　　ふん　びょう

■ 計算をしましょう。
けいさん

① 1.4−0.4

② 1.1+7

③ 1.6+0.3

④ 1.2−1

⑤ 0.1+0.4

⑥ 2−1.3

⑦ 2.3−0.8

⑧ 4.4+1.6

⑨ 3.6−2.5

⑩ 1.5+1.8

⑪ 10−1.7

⑫ 10+0.4

⑬ 2.2−1.5+4.3

⑭ 3.4+1.8−0.4

⑮ 4.2+0.8+1.7

POINT! 3分で全問解けましたか？　何度もくり返し練習して3分を目指しましょう。
ぶん　ぜんもんと　　なんど　かえ　れんしゅう　ぶん　めざ

53

■ 計算をしましょう。

① 4.4+1.6　　② 10−1.7　　③ 1.5+1.8

④ 1.4−0.4　　⑤ 2−1.3　　⑥ 10+0.4

⑦ 1.2−1　　⑧ 1.6+0.3　　⑨ 1.1+7

⑩ 3.6−2.5　　⑪ 2.3−0.8　　⑫ 0.1+0.4

⑬ 4.2+0.8+1.7　　⑭ 3.4+1.8−0.4

⑮ 2.2−1.5+4.3

★保護者の方へ★

たし算とひき算は、2桁以上のかけ算やわり算を解く上で必ず必要となります。いかに正確に、早く計算できるかが正答率に繋がりますので、何度も反復してしっかり習得しましょう。算数でつまずかないための基礎計算の要とも言えます。

POINT! たくさん計算問題をこなすことで小数のたし算とひき算は完ぺきに！

1けたどうしのかけ算

月　日　　**分**　**秒**

■ 計算をしましょう。

① 3×4　② 2×3　③ 4×4

④ 3×7　⑤ 7×8　⑥ 2×1

⑦ 1×7　⑧ 8×9　⑨ 5×9

⑩ 5×3　⑪ 9×7　⑫ 7×6

⑬ 6×4　⑭ 8×1　⑮ 5×5

⑯ 4×8　⑰ 1×2　⑱ 2×6

⑲ 9×3　⑳ 4×1

POINT! かけ算九九は、まずは早さよりも正しく言えることが大切です。

1けたどうしのかけ算

■ 計算をしましょう。

① 4×4

② 8×9

③ 2×1

④ 9×7

⑤ 3×4

⑥ 8×1

⑦ 7×6

⑧ 2×6

⑨ 7×8

⑩ 1×2

⑪ 5×9

⑫ 9×3

⑬ 2×3

⑭ 4×1

⑮ 5×3

⑯ 3×7

⑰ 5×5

⑱ 1×7

⑲ 6×4

⑳ 4×8

POINT! 自分がまちがえやすいところは、意識して何度も解くようにしましょう。

55 日目
にちめ

学習学年 ★★

かかった時間

1けたどうしのかけ算
ざん

月 日   分 秒
がつ にち   ふん びょう

■ 計算をしましょう。
けいさん

① 9×6   ② 7×4   ③ 5×7

④ 1×4   ⑤ 9×5   ⑥ 7×3

⑦ 4×6   ⑧ 5×6   ⑨ 3×3

⑩ 8×8   ⑪ 1×3   ⑫ 6×3

⑬ 2×7   ⑭ 3×1   ⑮ 2×5

⑯ 6×1   ⑰ 7×7   ⑱ 8×4

⑲ 8×3   ⑳ 4×9

POINT! かけ算九九は、100％正しくスラスラと言えるようになるまで練習しましょう。
ざんくく   ただ   い   れんしゅう

■ 計算をしましょう。 けいさん

① 7×7　② 9×5　③ 8×3

④ 4×6　⑤ 7×4　⑥ 3×3

⑦ 1×3　⑧ 6×1　⑨ 2×7

⑩ 4×9　⑪ 2×5　⑫ 7×3

⑬ 5×7　⑭ 6×3　⑮ 1×4

⑯ 8×4　⑰ 3×1　⑱ 5×6

⑲ 8×8　⑳ 9×6

POINT! 答えを見たら、九九の式が言えるくらいにしましょう。

■ 計算をしましょう。

① 5×2　　② 9×8　　③ 1×6

④ 2×4　　⑤ 8×6　　⑥ 8×2

⑦ 7×9　　⑧ 2×2　　⑨ 3×6

⑩ 9×2　　⑪ 1×1　　⑫ 8×7

⑬ 5×1　　⑭ 8×5　　⑮ 4×5

⑯ 7×2　　⑰ 6×6　　⑱ 3×2

⑲ 2×9　　⑳ 6×7

POINT! かけ算九九はリズムも大切です。くり返し口に出して覚えましょう。

58 日目 _{にちめ}

1けたどうしのかけ算_{ざん}

月　日　　分　秒

■ 計算_{けいさん}をしましょう。

① 1×6　　　② 2×2　　　③ 8×6

④ 7×9　　　⑤ 1×1　　　⑥ 9×8

⑦ 5×1　　　⑧ 9×2　　　⑨ 7×2

⑩ 2×4　　　⑪ 3×2　　　⑫ 4×5

⑬ 6×7　　　⑭ 8×7　　　⑮ 2×9

⑯ 6×6　　　⑰ 5×2　　　⑱ 8×2

⑲ 3×6　　　⑳ 8×5

POINT! 答_{こた}えが思_{おも}い出_だせないときは、かける数_{かず}とかけられる数_{かず}を反対_{はんたい}にしてみましょう。

59 日目 2けたのかけ算

月　日　　分　秒

■ 計算をしましょう。

①
```
  7 7
×   1
─────
```

②
```
  9 2
×   4
─────
```

③
```
  9 0
×   3
─────
```

④
```
  3 0
×   1
─────
```

⑤
```
  4 3
×   2
─────
```

⑥
```
  2 0
×   5
─────
```

⑦
```
  4 0
×   8
─────
```

⑧
```
  2 1
×   3
─────
```

⑨
```
  3 2
×   4
─────
```

⑩
```
  7 1
×   4
─────
```

⑪
```
  2 3
×   2
─────
```

⑫
```
  5 1
×   4
─────
```

POINT! かける数の段の九九を使って、一の位→十の位の順に計算していきます。

60日目 2けたのかけ算

■ 計算をしましょう。

①
$$\begin{array}{r} 2\ 1 \\ \times\quad 3 \\ \hline \end{array}$$

②
$$\begin{array}{r} 3\ 0 \\ \times\quad 1 \\ \hline \end{array}$$

③
$$\begin{array}{r} 2\ 3 \\ \times\quad 2 \\ \hline \end{array}$$

④
$$\begin{array}{r} 2\ 0 \\ \times\quad 5 \\ \hline \end{array}$$

⑤
$$\begin{array}{r} 7\ 7 \\ \times\quad 1 \\ \hline \end{array}$$

⑥
$$\begin{array}{r} 4\ 0 \\ \times\quad 8 \\ \hline \end{array}$$

⑦
$$\begin{array}{r} 7\ 1 \\ \times\quad 4 \\ \hline \end{array}$$

⑧
$$\begin{array}{r} 5\ 1 \\ \times\quad 4 \\ \hline \end{array}$$

⑨
$$\begin{array}{r} 9\ 0 \\ \times\quad 3 \\ \hline \end{array}$$

⑩
$$\begin{array}{r} 3\ 2 \\ \times\quad 4 \\ \hline \end{array}$$

⑪
$$\begin{array}{r} 9\ 2 \\ \times\quad 4 \\ \hline \end{array}$$

⑫
$$\begin{array}{r} 4\ 3 \\ \times\quad 2 \\ \hline \end{array}$$

POINT! かけ算の筆算は、くり上がりを見落とさないことが重要です。

■ 計算をしましょう。

① 　46 × 7

② 　23 × 7

③ 　68 × 4

④ 　95 × 8

⑤ 　65 × 3

⑥ 　75 × 4

⑦ 　67 × 5

⑧ 　16 × 4

⑨ 　65 × 2

⑩ 　88 × 5

⑪ 　47 × 8

⑫ 　57 × 5

POINT! かけ算の筆算では、くり上がりの数字をななめ上に書きます。

2けたのかけ算

■ 計算をしましょう。

①
$$
\begin{array}{r}
6\ 8 \\
\times\quad 4 \\
\hline
\end{array}
$$

②
$$
\begin{array}{r}
7\ 5 \\
\times\quad 4 \\
\hline
\end{array}
$$

③
$$
\begin{array}{r}
6\ 5 \\
\times\quad 2 \\
\hline
\end{array}
$$

④
$$
\begin{array}{r}
9\ 5 \\
\times\quad 8 \\
\hline
\end{array}
$$

⑤
$$
\begin{array}{r}
4\ 7 \\
\times\quad 8 \\
\hline
\end{array}
$$

⑥
$$
\begin{array}{r}
6\ 7 \\
\times\quad 5 \\
\hline
\end{array}
$$

⑦
$$
\begin{array}{r}
2\ 3 \\
\times\quad 7 \\
\hline
\end{array}
$$

⑧
$$
\begin{array}{r}
1\ 6 \\
\times\quad 4 \\
\hline
\end{array}
$$

⑨
$$
\begin{array}{r}
4\ 6 \\
\times\quad 7 \\
\hline
\end{array}
$$

⑩
$$
\begin{array}{r}
8\ 8 \\
\times\quad 5 \\
\hline
\end{array}
$$

⑪
$$
\begin{array}{r}
6\ 5 \\
\times\quad 3 \\
\hline
\end{array}
$$

⑫
$$
\begin{array}{r}
5\ 7 \\
\times\quad 5 \\
\hline
\end{array}
$$

POINT! かけ算の筆算は、くり上がりを見落とさないことが重要です。

63 日目 2けたのかけ算

■ 計算をしましょう。

①
```
    9 1
×     2
```

②
```
    2 6
×     5
```

③
```
    4 8
×     1
```

④
```
    7 6
×     8
```

⑤
```
    4 2
×     6
```

⑥
```
    3 0
×     7
```

⑦
```
    2 5
×     4
```

⑧
```
    5 2
×     2
```

⑨
```
    8 3
×     2
```

⑩
```
    3 8
×     2
```

⑪
```
    7 7
×     4
```

⑫
```
    3 7
×     9
```

POINT! 毎日コツコツと練習することで、計算のスピードは自然と上がります。

64 日目 2けたのかけ算

月　日　　分　秒

■ 計算をしましょう。

①
```
   3 0
 ×   7
───────
```

②
```
   7 6
 ×   8
───────
```

③
```
   2 5
 ×   4
───────
```

④
```
   8 3
 ×   2
───────
```

⑤
```
   3 7
 ×   9
───────
```

⑥
```
   2 6
 ×   5
───────
```

⑦
```
   5 2
 ×   2
───────
```

⑧
```
   3 8
 ×   2
───────
```

⑨
```
   4 2
 ×   6
───────
```

⑩
```
   7 7
 ×   4
───────
```

⑪
```
   4 8
 ×   1
───────
```

⑫
```
   9 1
 ×   2
───────
```

POINT! くり上がりの数字を書く場合、位置をまちがえないように注意しましょう。

■ 計算 けいさん をしましょう。

①
```
    4 2 5
  ×     2
---------
```

②
```
    1 1 5
  ×     7
---------
```

③
```
    1 7 1
  ×     3
---------
```

④
```
    2 1 8
  ×     2
---------
```

⑤
```
    1 6 1
  ×     4
---------
```

⑥
```
    8 2 0
  ×     7
---------
```

⑦
```
    1 0 7
  ×     6
---------
```

⑧
```
    7 1 3
  ×     7
---------
```

⑨
```
    1 7 0
  ×     4
---------
```

⑩
```
    1 0 3
  ×     8
---------
```

⑪
```
    1 4 1
  ×     9
---------
```

⑫
```
    9 0 3
  ×     9
---------
```

POINT! 筆算 ひっさん は見 み やすい数字 すうじ で書 か くこと、文字 もじ をそろえることで、ミスを減 へ らせます。

67

3けたのかけ算

■ 計算をしましょう。

①
```
   1 7 1
 ×     3
```

②
```
   1 6 1
 ×     4
```

③
```
   1 0 7
 ×     6
```

④
```
   1 7 0
 ×     4
```

⑤
```
   8 2 0
 ×     7
```

⑥
```
   4 2 5
 ×     2
```

⑦
```
   1 4 1
 ×     9
```

⑧
```
   9 0 3
 ×     9
```

⑨
```
   1 1 5
 ×     7
```

⑩
```
   1 0 3
 ×     8
```

⑪
```
   2 1 8
 ×     2
```

⑫
```
   7 1 3
 ×     7
```

POINT! けた数が増えても、基本は変わりません。ていねいに計算しましょう。

3けたのかけ<ruby>算<rt>ざん</rt></ruby>

■ <ruby>計算<rt>けいさん</rt></ruby>をしましょう。

①
```
    2 9 8
  ×     5
```

②
```
    3 3 6
  ×     4
```

③
```
    4 7 8
  ×     3
```

④
```
    3 9 6
  ×     5
```

⑤
```
    8 6 9
  ×     5
```

⑥
```
    4 7 9
  ×     7
```

⑦
```
    4 5 6
  ×     2
```

⑧
```
    7 3 2
  ×     6
```

⑨
```
    8 3 6
  ×     6
```

⑩
```
    8 7 2
  ×     8
```

POINT! <ruby>計算<rt>けいさん</rt></ruby>が<ruby>終<rt>お</rt></ruby>わったら、まちがえていないか<ruby>見直<rt>みなお</rt></ruby>すことも<ruby>大切<rt>たいせつ</rt></ruby>です。

■ 計算をしましょう。

① 732
　× 　 6

② 478
　× 　 3

③ 479
　× 　 7

④ 836
　× 　　 6

⑤ 298
　× 　　 5

⑥ 872
　× 　　 8

⑦ 336
　× 　　 4

⑧ 869
　× 　　 5

⑨ 456
　× 　　 2

⑩ 396
　× 　　 5

POINT! まちがえた問題は、計算のどこでミスをしたかを必ず確認し、復習しましょう。

3けたのかけ算

■ 計算をしましょう。

①
```
  1 0 6
×     3
-------
```

②
```
  1 1 3
×     6
-------
```

③
```
  3 0 1
×     3
-------
```

④
```
  3 3 1
×     7
-------
```

⑤
```
  9 2 0
×     8
-------
```

⑥
```
  2 5 3
×     4
-------
```

⑦
```
  4 1 3
×     2
-------
```

⑧
```
  7 5 1
×     4
-------
```

⑨
```
  3 9 2
×     3
-------
```

⑩
```
  1 3 2
×     8
-------
```

POINT! かけ算九九に、苦手な段がある場合はくり返し復習しましょう。

■ 計算をしましょう。

①
$$\begin{array}{r} 331 \\ \times 7 \\ \hline \end{array}$$

②
$$\begin{array}{r} 113 \\ \times 6 \\ \hline \end{array}$$

③
$$\begin{array}{r} 253 \\ \times 4 \\ \hline \end{array}$$

④
$$\begin{array}{r} 132 \\ \times 8 \\ \hline \end{array}$$

⑤
$$\begin{array}{r} 413 \\ \times 2 \\ \hline \end{array}$$

⑥
$$\begin{array}{r} 392 \\ \times 3 \\ \hline \end{array}$$

⑦
$$\begin{array}{r} 106 \\ \times 3 \\ \hline \end{array}$$

⑧
$$\begin{array}{r} 920 \\ \times 8 \\ \hline \end{array}$$

⑨
$$\begin{array}{r} 751 \\ \times 4 \\ \hline \end{array}$$

⑩
$$\begin{array}{r} 301 \\ \times 3 \\ \hline \end{array}$$

POINT! まちがいは自分の苦手を見つけるチャンスです。次に生かしましょう。

■ 計算をしましょう。

① 　　4 4 3
　　×　　1 0

② 　　3 0 1
　　×　　3 5

③ 　　4 5 0
　　×　　1 3

④ 　　2 6 5
　　×　　1 1

⑤ 　　1 0 2
　　×　　1 4

⑥ 　　1 1 6
　　×　　2 1

⑦ 　　1 6 1
　　×　　2 4

⑧ 　　4 0 0
　　×　　3 5

⑨ 　　4 3 1
　　×　　3 1

■ 計算をしましょう。

①
```
    4 5 0
  ×   1 3
```

②
```
    1 1 6
  ×   2 1
```

③
```
    4 0 0
  ×   3 5
```

④
```
    1 0 2
  ×   1 4
```

⑤
```
    3 0 1
  ×   3 5
```

⑥
```
    1 6 1
  ×   2 4
```

⑦
```
    4 4 3
  ×   1 0
```

⑧
```
    4 3 1
  ×   3 1
```

⑨
```
    2 6 5
  ×   1 1
```

POINT! かけ算の筆算では、くり上がりを足し忘れるミスが多いです。

■計算をしましょう。

①
```
    1 4 8
  ×   3 3
```

②
```
    3 5 1
  ×   4 5
```

③
```
    4 3 7
  ×   6 2
```

④
```
    6 7 4
  ×   4 7
```

⑤
```
    2 4 7
  ×   8 4
```

⑥
```
    4 1 6
  ×   3 4
```

⑦
```
    5 7 6
  ×   4 6
```

⑧
```
    3 8 4
  ×   7 5
```

⑨
```
    8 0 2
  ×   9 9
```

POINT! かけ算の筆算は九九をくり返したし算するだけ。あわてず、正確に!

学習学年 ★★★

かかった時間

月　日　　分　秒

■ 計算をしましょう。

①
```
    4 1 6
  ×   3 4
```

②
```
    6 7 4
  ×   4 7
```

③
```
    3 5 1
  ×   4 5
```

④
```
    8 0 2
  ×   9 9
```

⑤
```
    2 4 7
  ×   8 4
```

⑥
```
    1 4 8
  ×   3 3
```

⑦
```
    3 8 4
  ×   7 5
```

⑧
```
    5 7 6
  ×   4 6
```

⑨
```
    4 3 7
  ×   6 2
```

POINT! けたがズレないように、補助線を使って、縦がそろっているか意識しましょう。

3けたのかけ算

■ 計算をしましょう。

①
$$\begin{array}{r} 449 \\ \times 37 \\ \hline \end{array}$$

②
$$\begin{array}{r} 809 \\ \times 26 \\ \hline \end{array}$$

③
$$\begin{array}{r} 512 \\ \times 29 \\ \hline \end{array}$$

④
$$\begin{array}{r} 173 \\ \times 17 \\ \hline \end{array}$$

⑤
$$\begin{array}{r} 347 \\ \times 22 \\ \hline \end{array}$$

⑥
$$\begin{array}{r} 631 \\ \times 33 \\ \hline \end{array}$$

⑦
$$\begin{array}{r} 910 \\ \times 11 \\ \hline \end{array}$$

⑧
$$\begin{array}{r} 404 \\ \times 15 \\ \hline \end{array}$$

⑨
$$\begin{array}{r} 273 \\ \times 32 \\ \hline \end{array}$$

POINT! スラスラと解けるようになるまで練習して、3分以内を目指しましょう。

3けたのかけ算

■ 計算をしましょう。

①
$$512 \times 29$$

②
$$631 \times 33$$

③
$$173 \times 17$$

④
$$273 \times 32$$

⑤
$$449 \times 37$$

⑥
$$347 \times 22$$

⑦
$$404 \times 15$$

⑧
$$809 \times 26$$

⑨
$$910 \times 11$$

POINT! 時間を意識して、昨日より1秒でも早く解けるようになりましょう。

■ 計算をしましょう。

① 8×2×3

② 9×4×2

③ 7×2×4

④ 6×3×2

⑤ 8×3×3

⑥ 9×2×2

⑦ 7×3×3

⑧ 2×9×3

⑨ 3×6×3

⑩ 2×9×5

⑪ 7×5×2

⑫ 50×6×2

⑬ 4×7×25

⑭ 2×9×50

⑮ 8×4×25

POINT! かけ算は、計算する順番を入れかえても答えは同じになります。

78日目 工夫するかけ算

月　日　　分　秒

■ 計算をしましょう。

① 2×9×5

② 2×9×50

③ 3×6×3

④ 8×4×25

⑤ 8×2×3

⑥ 6×3×2

⑦ 7×2×4

⑧ 9×2×2

⑨ 4×7×25

⑩ 9×4×2

⑪ 7×5×2

⑫ 8×3×3

⑬ 7×3×3

⑭ 2×9×3

⑮ 50×6×2

★保護者の方へ★
3つ以上の数をかける問題では、全体を見渡してから計算をするようにしましょう。答えが1桁になるものや、10や100などになるものなど、次の計算がしやすくなるものから優先して計算していくようにしましょう。

POINT! 2×5＝10、4×25＝100などの式はすぐに見つけられるようにしましょう。

かけ算のまとめ

■ 計算をしましょう。

① 7×94

② 16×22

③ 30×20

④ 99×5

⑤ 45×21

⑥ 1×17

⑦ 9×25

⑧ 14×87

⑨ 86×50

⑩ 35×7

⑪ 19×77

⑫ 11×96

⑬ 31×57

⑭ 60×17

⑮ 22×16

POINT! 問題を解くときは、常に工夫して解く方法を考えるクセをつけましょう。

かけ算のまとめ

■ 計算をしましょう。

① 31×57　　② 30×20　　③ 9×25

④ 45×21　　⑤ 60×17　　⑥ 7×94

⑦ 86×50　　⑧ 19×77　　⑨ 1×17

⑩ 22×16　　⑪ 11×96　　⑫ 16×22

⑬ 35×7　　⑭ 14×87　　⑮ 99×5

★保護者の方へ★

かけ算のポイントは、なんと言っても「九九」です。九九表を頭に入れて、計算式を見たら即答えが出るくらいに覚えましょう。2桁のかけ算になると、くり上がりが出てくる、位を間違えるなどのミスが増えます。反復練習をして正答率を上げましょう。

POINT! 同じ問題をくり返し解いて、早く正確に計算する力をきたえましょう。

わり算

かかった時間　月　日　　分　秒

■ 計算をしましょう。

① 27÷3　　② 7÷1　　③ 42÷6

④ 27÷9　　⑤ 72÷9　　⑥ 8÷4

⑦ 24÷6　　⑧ 54÷9　　⑨ 16÷4

⑩ 72÷8　　⑪ 30÷6　　⑫ 16÷8

⑬ 28÷7　　⑭ 63÷7　　⑮ 15÷5

⑯ 32÷4　　⑰ 81÷9　　⑱ 40÷8

⑲ 49÷7　　⑳ 10÷5

POINT! 基本のわり算は、早く正確に計算できるように何度も練習しましょう。

82日目

わり算

月　日　　分　秒

■ 計算をしましょう。

① 10÷5　　② 72÷9　　③ 30÷6

④ 27÷3　　⑤ 16÷4　　⑥ 7÷1

⑦ 32÷4　　⑧ 40÷8　　⑨ 8÷4

⑩ 63÷7　　⑪ 27÷9　　⑫ 49÷7

⑬ 16÷8　　⑭ 42÷6　　⑮ 81÷9

⑯ 54÷9　　⑰ 15÷5　　⑱ 72÷8

⑲ 28÷7　　⑳ 24÷6

POINT! わり算でつまずくときは、九九の苦手な段を復習してかんぺきにしましょう。

わり算

■ 計算をしましょう。

① 6÷2

② 9÷3

③ 21÷3

④ 20÷4

⑤ 45÷9

⑥ 54÷6

⑦ 25÷5

⑧ 15÷3

⑨ 48÷8

⑩ 64÷8

⑪ 36÷4

⑫ 18÷3

⑬ 35÷5

⑭ 12÷6

⑮ 40÷5

⑯ 36÷9

⑰ 3÷3

⑱ 56÷7

⑲ 24÷4

⑳ 42÷7

POINT! 「計算力の基本は反復練習！」毎日、少しずつ力をつけていきましょう。

84日目 わり算

■ 計算をしましょう。

① 21÷3　　② 45÷9　　③ 48÷8

④ 25÷5　　⑤ 18÷3　　⑥ 20÷4

⑦ 12÷6　　⑧ 15÷3　　⑨ 3÷3

⑩ 6÷2　　⑪ 42÷7　　⑫ 40÷5

⑬ 36÷4　　⑭ 36÷9　　⑮ 24÷4

⑯ 9÷3　　⑰ 56÷7　　⑱ 35÷5

⑲ 64÷8　　⑳ 54÷6

POINT! どの数をかけると、どのくらいの大きさになるかの感覚をきたえましょう。

わり算

■ 計算をしましょう。

① 23÷7　　② 35÷6　　③ 16÷5

④ 17÷2　　⑤ 37÷9　　⑥ 27÷6

⑦ 37÷6　　⑧ 54÷7　　⑨ 29÷3

⑩ 44÷7　　⑪ 7÷3　　⑫ 88÷9

⑬ 20÷6　　⑭ 14÷3　　⑮ 57÷8

POINT! わり算は、「商×割る数＋あまり＝割られる数」で答えのたしかめができます。

わり算

■ 計算をしましょう。

① 17÷2　　② 37÷6　　③ 29÷3

④ 37÷9　　⑤ 20÷6　　⑥ 44÷7

⑦ 7÷3　　⑧ 16÷5　　⑨ 57÷8

⑩ 23÷7　　⑪ 54÷7　　⑫ 14÷3

⑬ 35÷6　　⑭ 88÷9　　⑮ 27÷6

POINT! 答えが出たら、商はもちろんあまりが正しいかもしっかり確認しましょう。

わり算 ざん

■ 計算 けいさん をしましょう。

① $45 \div 7$

② $63 \div 7$

③ $13 \div 3$

④ $48 \div 6$

⑤ $74 \div 8$

⑥ $36 \div 4$

⑦ $26 \div 9$

⑧ $42 \div 7$

⑨ $21 \div 3$

⑩ $49 \div 5$

POINT! 計算 けいさん のあとは、あまりよりも割 わ る数 かず が大 おお きいことを必 かなら ず確認 かくにん しましょう。

■ 計算をしましょう。

① 36÷4

② 13÷3

③ 42÷7

④ 48÷6

⑤ 49÷5

⑥ 21÷3

⑦ 45÷7

⑧ 26÷9

⑨ 74÷8

⑩ 63÷7

★保護者の方へ★

わり算を難しく感じるのは、答えの予想を立て→かけて→引くという全ての計算が必要になる複雑さのためです。けれど、たし算、ひき算、かけ算ができれば必ずできるとも言えるのです。わり算は、たし算、ひき算、かけ算の集大成です。特に、かけ算「九九」の暗記が重要になってきます。九九を暗記していることがスピードアップへの鍵です。

POINT! 割る数に何をかけると割られる数に近くなるか、見当をつけて解きましょう。

■ 計算をしましょう。

① 8+6

② 6÷2

③ 16−1

④ 4×2

⑤ 9−0.4

⑥ 37×7

⑦ 25×4

⑧ 2.4+0.9

⑨ 28÷4

⑩ 46×7

⑪ 35×6

⑫ 23÷8

⑬ 2+7+8

⑭ 14+9−4

⑮ 3+19+47

POINT! さまざまなパターンの問題に対応できるように、式全体を見る力を養いましょう。

学習学年 ★〜★★★

かかった時間

月　日　　分　秒

■ 計算をしましょう。

① 23÷8

② 46×7

③ 3+19+47

④ 2.4+0.9

⑤ 9−0.4

⑥ 6÷2

⑦ 4×2

⑧ 28÷4

⑨ 8+6

⑩ 2+7+8

⑪ 37×7

⑫ 14+9−4

⑬ 16−1

⑭ 35×6

⑮ 25×4

POINT! 計算力は算数の土台です。90日継続した手ごたえはどうですか？

1日目　P3
①5 ②8 ③7 ④9 ⑤7
⑥9 ⑦6 ⑧7 ⑨3 ⑩9
⑪8 ⑫4 ⑬9 ⑭5 ⑮9
⑯10 ⑰7 ⑱6 ⑲5 ⑳6

2日目　P4
①9 ②7 ③7 ④5 ⑤5
⑥7 ⑦6 ⑧9 ⑨5 ⑩8
⑪6 ⑫9 ⑬9 ⑭7 ⑮4
⑯6 ⑰8 ⑱9 ⑲10 ⑳3

3日目　P5
①11 ②15 ③12 ④12 ⑤13
⑥11 ⑦11 ⑧17 ⑨12 ⑩13
⑪14 ⑫15 ⑬16 ⑭11 ⑮12
⑯13 ⑰13 ⑱16 ⑲15 ⑳14

4日目　P6
①11 ②13 ③13 ④11 ⑤15
⑥16 ⑦17 ⑧12 ⑨12 ⑩14
⑪12 ⑫12 ⑬15 ⑭16 ⑮14
⑯11 ⑰11 ⑱13 ⑲13 ⑳15

5日目　P7
①8 ②14 ③12 ④10 ⑤12
⑥4 ⑦9 ⑧14 ⑨13 ⑩13
⑪18 ⑫3 ⑬6 ⑭10 ⑮4
⑯7 ⑰8 ⑱11 ⑲10 ⑳14

6日目　P8
①12 ②11 ③14 ④13 ⑤8
⑥4 ⑦4 ⑧10 ⑨6 ⑩12
⑪7 ⑫14 ⑬14 ⑭13 ⑮8
⑯3 ⑰10 ⑱9 ⑲10 ⑳18

7日目　P9
①17 ②19 ③18 ④13 ⑤16
⑥19 ⑦16 ⑧18 ⑨18 ⑩19
⑪17 ⑫19 ⑬19 ⑭17 ⑮18
⑯15 ⑰16 ⑱19 ⑲19 ⑳11

8日目　P10
①16 ②19 ③11 ④18 ⑤18
⑥15 ⑦17 ⑧18 ⑨13 ⑩19
⑪17 ⑫19 ⑬19 ⑭18 ⑮16
⑯19 ⑰17 ⑱16 ⑲19 ⑳19

9日目　P11
①26 ②26 ③21 ④21 ⑤21
⑥22 ⑦22 ⑧22 ⑨22 ⑩21
⑪25 ⑫20 ⑬23 ⑭23 ⑮25
⑯21 ⑰21 ⑱20 ⑲21 ⑳24

10日目　P12
①22 ②20 ③24 ④23 ⑤23
⑥20 ⑦21 ⑧25 ⑨21 ⑩21
⑪26 ⑫21 ⑬26 ⑭22 ⑮21
⑯21 ⑰22 ⑱21 ⑲25 ⑳22

11日目　P13
①12 ②23 ③26 ④17 ⑤17
⑥21 ⑦15 ⑧19 ⑨27 ⑩22
⑪19 ⑫24 ⑬20 ⑭15 ⑮12
⑯17 ⑰16 ⑱24 ⑲15 ⑳25

12日目　P14
①19 ②15 ③16 ④17 ⑤24
⑥12 ⑦15 ⑧25 ⑨27 ⑩12
⑪15 ⑫17 ⑬24 ⑭26 ⑮19
⑯22 ⑰20 ⑱23 ⑲24 ⑳17

13日目　P15
①81 ②145 ③37 ④109
⑤137 ⑥80 ⑦73 ⑧108
⑨139 ⑩103 ⑪80 ⑫187
⑬96 ⑭91 ⑮128

14日目　P16
①91 ②37 ③187 ④81
⑤80 ⑥96 ⑦128 ⑧103
⑨108 ⑩80 ⑪73 ⑫145
⑬139 ⑭137 ⑮109

15日目　P17
①183 ②126 ③191 ④121
⑤113 ⑥145 ⑦181 ⑧143
⑨124 ⑩150 ⑪141 ⑫120

16日目　P18
①191 ②143 ③145 ④150
⑤120 ⑥183 ⑦124 ⑧121
⑨113 ⑩126 ⑪141 ⑫181

17日目　P19
①5 ②4 ③9 ④3 ⑤8
⑥6 ⑦1 ⑧7 ⑨2 ⑩2
⑪4 ⑫8 ⑬6 ⑭9 ⑮3
⑯1 ⑰7 ⑱5

18日目　P20
①1 ②7 ③2 ④5 ⑤5
⑥9 ⑦7 ⑧3 ⑨4 ⑩1
⑪8 ⑫4 ⑬9 ⑭6 ⑮3
⑯2 ⑰8 ⑱6

19日目　P21
①8 ②13 ③13 ④15
⑤15 ⑥11 ⑦14 ⑧14
⑨15 ⑩16 ⑪17 ⑫17
⑬14 ⑭18 ⑮20

20日目　P22
①18 ②15 ③17 ④20
⑤14 ⑥17 ⑦15 ⑧15
⑨8 ⑩16 ⑪11 ⑫13
⑬14 ⑭14 ⑮13

21日目　P23
①5.5 ②8.3 ③4.1 ④2.7 ⑤7.4
⑥2.7 ⑦4.1 ⑧8.6 ⑨8.1 ⑩3.2
⑪9.8 ⑫2.7 ⑬8.1 ⑭9.4 ⑮5.5
⑯4.3 ⑰6.2 ⑱3.8

22日目　P24
①4.1 ②3.2 ③4.3 ④6.2 ⑤7.4
⑥8.1 ⑦5.5 ⑧8.3 ⑨9.8 ⑩2.7
⑪3.8 ⑫2.7 ⑬5.5 ⑭8.6 ⑮2.7
⑯9.4 ⑰8.1 ⑱4.1

23日目　P25
①1.1 ②1.3 ③2 ④1.2 ⑤2.2
⑥2.4 ⑦2.1 ⑧3.7 ⑨2.3 ⑩3.2
⑪3.3 ⑫3.3

24日目　P26
①1.3 ②2.4 ③3.3 ④1.2 ⑤3.7
⑥2 ⑦3.2 ⑧1.1 ⑨3.3 ⑩2.1
⑪2.3 ⑫2.2

25日目　P27
①12 ②20 ③27 ④25 ⑤21
⑥25 ⑦79 ⑧110 ⑨16.5 ⑩15
⑪11.1 ⑫12 ⑬20 ⑭4 ⑮4

26日目　P28
①20 ②15 ③11.1 ④110 ⑤12
⑥21 ⑦25 ⑧79 ⑨27 ⑩16.5
⑪25 ⑫12 ⑬20 ⑭4 ⑮4

27日目　P29
①3 ②7 ③3 ④2 ⑤1
⑥3 ⑦3 ⑧1 ⑨1 ⑩2
⑪5 ⑫3 ⑬2 ⑭7 ⑮0
⑯4 ⑰6 ⑱4 ⑲6 ⑳4

28日目　P30
①6 ②1 ③6 ④3 ⑤4
⑥2 ⑦7 ⑧1 ⑨2 ⑩3
⑪4 ⑫3 ⑬3 ⑭3 ⑮5
⑯0 ⑰7 ⑱7 ⑲4 ⑳2

29日目　P31
①11 ②26 ③10 ④13 ⑤13
⑥20 ⑦25 ⑧27 ⑨13 ⑩21
⑪10 ⑫11 ⑬22 ⑭12 ⑮6
⑯14 ⑰11 ⑱16 ⑲23 ⑳16

30日目　P32
①13 ②22 ③11 ④23 ⑤10
⑥11 ⑦14 ⑧13 ⑨11 ⑩10
⑪26 ⑫16 ⑬6 ⑭25 ⑮13
⑯16 ⑰27 ⑱12 ⑲21 ⑳20

31日目　P33
①8 ②7 ③7 ④6 ⑤7
⑥9 ⑦3 ⑧9 ⑨4 ⑩17
⑪16 ⑫17 ⑬16 ⑭19
⑮17 ⑯9 ⑰16 ⑱19

32日目　P34
①6 ②19 ③3 ④16 ⑤7
⑥9 ⑦8 ⑧9 ⑨19 ⑩7
⑪17 ⑫16 ⑬7 ⑭16
⑮17 ⑯17 ⑰4 ⑱9

33日目　P35
①13 ②14 ③4 ④2 ⑤5
⑥2 ⑦14 ⑧7 ⑨11 ⑩9
⑪19 ⑫20 ⑬12 ⑭17
⑮17 ⑯20 ⑰23 ⑱12

34日目　P36
①2 ②19 ③17 ④13 ⑤14
⑥20 ⑦23 ⑧12 ⑨12 ⑩11
⑪2 ⑫17 ⑬20 ⑭14 ⑮7
⑯9 ⑰4 ⑱5

35日目　P37
①9 ②11 ③9 ④7 ⑤6
⑥7 ⑦5 ⑧8 ⑨8 ⑩2
⑪7 ⑫8

36日目　P38
①7 ②2 ③11 ④8 ⑤7
⑥9 ⑦5 ⑧8 ⑨6 ⑩9
⑪8 ⑫7

37日目　P39
①4 ②9 ③4 ④13 ⑤18
⑥7 ⑦2 ⑧8 ⑨12 ⑩4
⑪3 ⑫15

38日目　P40
①12 ②2 ③7 ④4 ⑤18
⑥4 ⑦4 ⑧13 ⑨15 ⑩9
⑪8 ⑫3

39日目　P41
①149 ②137 ③185 ④146
⑤134 ⑥175 ⑦134 ⑧169
⑨189 ⑩147 ⑪165 ⑫118

40日目　P42
①175 ②146 ③189 ④185
⑤165 ⑥169 ⑦149 ⑧134
⑨147 ⑩134 ⑪137 ⑫118

41日目　P43
①86 ②57 ③86
④75 ⑤89 ⑥79
⑦85 ⑧99 ⑨97
⑩57

42日目　P44
①86 ②89 ③85
④86 ⑤97 ⑥99
⑦57 ⑧57 ⑨75
⑩79

43日目　P45
①4.3 ②8.5 ③7.2 ④3.7 ⑤6.6
⑥1.7 ⑦2.1 ⑧0.7 ⑨6.8 ⑩3.3
⑪6.5 ⑫5.9

44日目　P46
①6.8 ②3.7 ③1.7 ④4.3 ⑤6.5
⑥2.1 ⑦6.6 ⑧3.3 ⑨7.2 ⑩8.5
⑪5.9 ⑫0.7

45日目　P47
①0.2 ②2.3 ③1.8 ④2.9 ⑤4.8
⑥0.6 ⑦3.3 ⑧0.4 ⑨1.4 ⑩4.9
⑪3.3 ⑫1.7

46日目　P48
①4.8 ②2.3 ③4.9 ④0.4 ⑤0.2
⑥0.6 ⑦2.9 ⑧3.3 ⑨1.7 ⑩1.4
⑪3.3 ⑫1.8

47日目　P49
①4 ②12 ③13 ④11 ⑤26
⑥38 ⑦9 ⑧38 ⑨22 ⑩324
⑪165 ⑫1.2 ⑬3.1 ⑭2.1 ⑮0.9

48日目　P50
①38 ②26 ③13 ④1.2 ⑤22
⑥4 ⑦165 ⑧38 ⑨12 ⑩3.1
⑪9 ⑫0.9 ⑬11 ⑭2.1 ⑮324

49日目　P51
①4 ②12 ③6 ④10
⑤5 ⑥31 ⑦32 ⑧18
⑨41 ⑩9 ⑪9 ⑫8
⑬10 ⑭28 ⑮30

50日目　P52
①12 ②5 ③9 ④10
⑤4 ⑥41 ⑦18 ⑧32
⑨6 ⑩31 ⑪28 ⑫30
⑬10 ⑭8 ⑮9

51日目　P53
①1 ②8.1 ③1.9 ④0.2
⑤0.5 ⑥0.7 ⑦1.5 ⑧6
⑨1.1 ⑩3.3 ⑪8.3 ⑫10.4
⑬5 ⑭4.8 ⑮6.7

52日目　P54
①6 ②8.3 ③3.3 ④1
⑤0.7 ⑥10.4 ⑦0.2 ⑧1.9
⑨8.1 ⑩1.1 ⑪1.5 ⑫0.5
⑬6.7 ⑭4.8 ⑮5

53日目　P55
①12 ②6 ③16 ④21 ⑤56
⑥2 ⑦7 ⑧72 ⑨45 ⑩15
⑪63 ⑫42 ⑬24 ⑭8 ⑮25
⑯32 ⑰2 ⑱12 ⑲27 ⑳4

54日目　P56
①16 ②72 ③2 ④63 ⑤12
⑥8 ⑦42 ⑧12 ⑨56 ⑩2
⑪45 ⑫27 ⑬6 ⑭4 ⑮15
⑯21 ⑰25 ⑱7 ⑲24 ⑳32

55日目　P57
①54 ②28 ③35 ④4 ⑤45
⑥21 ⑦24 ⑧30 ⑨9 ⑩64
⑪3 ⑫18 ⑬14 ⑭3 ⑮10
⑯6 ⑰49 ⑱32 ⑲24 ⑳36

56日目　P58
①49 ②45 ③24 ④24 ⑤28
⑥9 ⑦3 ⑧6 ⑨14 ⑩36
⑪10 ⑫21 ⑬35 ⑭18 ⑮4
⑯32 ⑰3 ⑱30 ⑲64 ⑳54

57日目　P59
①10 ②72 ③6 ④8 ⑤48
⑥16 ⑦63 ⑧4 ⑨18 ⑩18
⑪1 ⑫56 ⑬5 ⑭40 ⑮20
⑯14 ⑰36 ⑱6 ⑲18 ⑳42

① 6 ② 4 ③ 48 ④ 63 ⑤ 1 ⑥ 72 ⑦ 5
⑧ 18 ⑨ 14 ⑩ 8 ⑪ 6 ⑫ 20 ⑬ 42 ⑭ 56
⑮ 18 ⑯ 36 ⑰ 10 ⑱ 16 ⑲ 18 ⑳ 40

① 77 ② 368 ③ 270 ④ 30
⑤ 86 ⑥ 100 ⑦ 320 ⑧ 63
⑨ 128 ⑩ 284 ⑪ 46 ⑫ 204

① 63 ② 30 ③ 46 ④ 100
⑤ 77 ⑥ 320 ⑦ 284 ⑧ 204
⑨ 270 ⑩ 128 ⑪ 368 ⑫ 86

① 322 ② 161 ③ 272 ④ 760 ⑤ 195
⑥ 300 ⑦ 335 ⑧ 64 ⑨ 130 ⑩ 440
⑪ 376 ⑫ 285

① 272 ② 300 ③ 130 ④ 760 ⑤ 376
⑥ 335 ⑦ 161 ⑧ 64 ⑨ 322 ⑩ 440
⑪ 195 ⑫ 285

① 182 ② 130 ③ 48 ④ 608
⑤ 252 ⑥ 210 ⑦ 100 ⑧ 104
⑨ 166 ⑩ 76 ⑪ 308 ⑫ 333

① 210 ② 608 ③ 100 ④ 166
⑤ 333 ⑥ 130 ⑦ 104 ⑧ 76
⑨ 252 ⑩ 308 ⑪ 48 ⑫ 182

① 850 ② 805 ③ 513 ④ 436
⑤ 644 ⑥ 5740 ⑦ 642 ⑧ 4991
⑨ 680 ⑩ 824 ⑪ 1269 ⑫ 8127

① 513 ② 644 ③ 642 ④ 680
⑤ 5740 ⑥ 850 ⑦ 1269 ⑧ 8127
⑨ 805 ⑩ 824 ⑪ 436 ⑫ 4991

① 1490 ② 1344 ③ 1434 ④ 1980
⑤ 4345 ⑥ 3353 ⑦ 912 ⑧ 4392
⑨ 5016 ⑩ 6976

① 4392 ② 1434 ③ 3353 ④ 5016
⑤ 1490 ⑥ 6976 ⑦ 1344 ⑧ 4345
⑨ 912 ⑩ 1980

① 318 ② 678 ③ 903 ④ 2317 ⑤ 7360
⑥ 1012 ⑦ 826 ⑧ 3004 ⑨ 1176 ⑩ 1056

① 2317 ② 678 ③ 1012 ④ 1056 ⑤ 826
⑥ 1176 ⑦ 318 ⑧ 7360 ⑨ 3004 ⑩ 903

① 443 × 10 : 0 / 443 / 4430
② 301 × 35 : 1505 / 903 / 10535
③ 450 × 13 : 1350 / 450 / 5850
④ 265 × 11 : 265 / 265 / 2915
⑤ 102 × 14 : 408 / 102 / 1428
⑥ 116 × 21 : 116 / 232 / 2436
⑦ 161 × 24 : 644 / 322 / 3864
⑧ 400 × 35 : 2000 / 1200 / 14000
⑨ 431 × 31 : 431 / 1293 / 13361

① 450 × 13 : 1350 / 450 / 5850
② 116 × 21 : 116 / 232 / 2436
③ 400 × 35 : 2000 / 1200 / 14000
④ 102 × 14 : 408 / 102 / 1428
⑤ 301 × 35 : 1505 / 903 / 10535
⑥ 161 × 24 : 644 / 322 / 3864
⑦ 443 × 10 : 0 / 443 / 4430
⑧ 431 × 31 : 431 / 1293 / 13361
⑨ 265 × 11 : 265 / 265 / 2915

① 148 × 33 : 444 / 444 / 4884
② 351 × 45 : 1755 / 1404 / 15795
③ 437 × 62 : 874 / 2622 / 27094
④ 674 × 47 : 4718 / 2696 / 31678
⑤ 247 × 84 : 988 / 1976 / 20748
⑥ 416 × 34 : 1664 / 1248 / 14144
⑦ 576 × 46 : 3456 / 2304 / 26496
⑧ 384 × 75 : 1920 / 2688 / 28800
⑨ 802 × 99 : 7218 / 7218 / 79398

① 416 × 34 : 1664 / 1248 / 14144
② 674 × 47 : 4718 / 2696 / 31678
③ 351 × 45 : 1755 / 1404 / 15795
④ 802 × 99 : 7218 / 7218 / 79398
⑤ 247 × 84 : 988 / 1976 / 20748
⑥ 148 × 33 : 444 / 444 / 4884
⑦ 384 × 75 : 1920 / 2688 / 28800
⑧ 576 × 46 : 3456 / 2304 / 26496
⑨ 437 × 62 : 874 / 2622 / 27094

75日目 — P77

① 449 × 37
　3 1 4 3
　1 3 4 7
　1 6 6 1 3

② 809 × 26
　4 8 5 4
　1 6 1 8
　2 1 0 3 4

③ 512 × 29
　4 6 0 8
　1 0 2 4
　1 4 8 4 8

④ 173 × 17
　1 2 1 1
　1 7 3
　2 9 4 1

⑤ 347 × 22
　6 9 4
　6 9 4
　7 6 3 4

⑥ 631 × 33
　1 8 9 3
　1 8 9 3
　2 0 8 2 3

⑦ 910 × 11
　9 1 0
　9 1 0
　1 0 0 1 0

⑧ 404 × 15
　2 0 2 0
　4 0 4
　6 0 6 0

⑨ 273 × 32
　5 4 6
　8 1 9
　8 7 3 6

76日目 — P78

① 512 × 29
　4 6 0 8
　1 0 2 4
　1 4 8 4 8

② 631 × 33
　1 8 9 3
　1 8 9 3
　2 0 8 2 3

③ 173 × 17
　1 2 1 1
　1 7 3
　2 9 4 1

④ 273 × 32
　5 4 6
　8 1 9
　8 7 3 6

⑤ 449 × 37
　3 1 4 3
　1 3 4 7
　1 6 6 1 3

⑥ 347 × 22
　6 9 4
　6 9 4
　7 6 3 4

⑦ 404 × 15
　2 0 2 0
　4 0 4
　6 0 6 0

⑧ 809 × 26
　4 8 5 4
　1 6 1 8
　2 1 0 3 4

⑨ 910 × 11
　9 1 0
　9 1 0
　1 0 0 1 0

77日目 — P79
①48 ②72 ③56 ④36 ⑤72
⑥36 ⑦63 ⑧54 ⑨54 ⑩90
⑪70 ⑫600 ⑬700 ⑭900 ⑮800

78日目 — P80
①90 ②900 ③54 ④800 ⑤48
⑥36 ⑦56 ⑧36 ⑨700 ⑩72
⑪70 ⑫72 ⑬63 ⑭54 ⑮600

79日目 — P81
①658 ②352 ③600 ④495
⑤945 ⑥17 ⑦225 ⑧1218
⑨4300 ⑩245 ⑪1463 ⑫1056
⑬1767 ⑭1020 ⑮352

80日目 — P82
①1767 ②600 ③225 ④945
⑤1020 ⑥658 ⑦4300 ⑧1463
⑨17 ⑩352 ⑪1056 ⑫352
⑬245 ⑭1218 ⑮495

81日目 — P83
①9 ②7 ③7 ④3 ⑤8 ⑥2 ⑦4
⑧6 ⑨4 ⑩9 ⑪5 ⑫2 ⑬4 ⑭9
⑮3 ⑯8 ⑰9 ⑱5 ⑲7 ⑳2

82日目 — P84
①2 ②8 ③5 ④9 ⑤4 ⑥7 ⑦8
⑧5 ⑨2 ⑩9 ⑪3 ⑫7 ⑬2 ⑭7
⑮9 ⑯6 ⑰3 ⑱9 ⑲4 ⑳4

83日目 — P85
①3 ②3 ③7 ④5 ⑤5
⑥9 ⑦5 ⑧5 ⑨6 ⑩8
⑪9 ⑫6 ⑬7 ⑭2 ⑮8
⑯4 ⑰1 ⑱8 ⑲6 ⑳6

84日目 — P86
①7 ②5 ③6 ④5 ⑤6
⑥5 ⑦2 ⑧5 ⑨1 ⑩3
⑪6 ⑫8 ⑬9 ⑭4 ⑮6
⑯3 ⑰8 ⑱7 ⑲8 ⑳9

85日目 — P87
①3あまり2 ②5あまり5 ③3あまり1 ④8あまり1
⑤4あまり1 ⑥4あまり3 ⑦6あまり1 ⑧7あまり5
⑨9あまり2 ⑩6あまり2 ⑪2あまり1 ⑫9あまり7
⑬3あまり2 ⑭4あまり2 ⑮7あまり1

86日目 — P88
①8あまり1 ②6あまり1 ③9あまり2 ④4あまり1
⑤3あまり2 ⑥6あまり2 ⑦2あまり1 ⑧3あまり1
⑨7あまり1 ⑩3あまり2 ⑪7あまり5 ⑫4あまり2
⑬5あまり5 ⑭9あまり7 ⑮4あまり3

87日目 — P89
①6あまり3 ②9 ③4あまり1 ④8 ⑤9あまり2
⑥9 ⑦2あまり8 ⑧6 ⑨7 ⑩9あまり4

88日目 — P90
①9 ②4あまり1 ③6 ④8 ⑤9あまり4 ⑥7
⑦6あまり3 ⑧2あまり8 ⑨9あまり2 ⑩9

89日目 — P91
①14 ②3 ③15 ④8 ⑤8.6 ⑥259 ⑦100
⑧3.3 ⑨7 ⑩322 ⑪210 ⑫2あまり7 ⑬17
⑭19 ⑮69

90日目 — P92
①2あまり7 ②322 ③69 ④3.3 ⑤8.6 ⑥3
⑦8 ⑧7 ⑨14 ⑩17 ⑪259 ⑫19 ⑬15
⑭210 ⑮100